Onyezeka Eucharia

Production of melon methyl ester using melon seed oil as raw material

Onyezeka Eucharia

Production of melon methyl ester using melon seed oil as raw material

Imprint

Any brand names and product names mentioned in this book are subject to trademark, brand or patent protection and are trademarks or registered trademarks of their respective holders. The use of brand names, product names, common names, trade names, product descriptions etc. even without a particular marking in this work is in no way to be construed to mean that such names may be regarded as unrestricted in respect of trademark and brand protection legislation and could thus be used by anyone.

Cover image: www.ingimage.com

This book is a translation from the original published under ISBN 978-620-2-08248-8.

Publisher:
Sciencia Scripts
is a trademark of
Dodo Books Indian Ocean Ltd. and OmniScriptum S.R.L publishing group

120 High Road, East Finchley, London, N2 9ED, United Kingdom
Str. Armeneasca 28/1, office 1, Chisinau MD-2012, Republic of Moldova, Europe
Printed at: see last page
ISBN: 978-620-8-03521-1

Copyright © Onyezeka Eucharia
Copyright © 2024 Dodo Books Indian Ocean Ltd. and OmniScriptum S.R.L publishing group

ÍNDICE DE CONTEÚDOS

Capítulo 1   **4**

Capítulo 2   **12**

Capítulo 3   **15**

Capítulo 4   **29**

TÍTULO

PRODUÇÃO DE ÉSTER METÍLICO DE MELÃO (BIODIESEL DE MELÃO)

UTILIZANDO ÓLEO DE SEMENTES DE MELÃO COMO MATÉRIA-PRIMA.

DEDICAÇÃO

Este trabalho é dedicado a Deus Todo-Poderoso, aos meus pais e a todos os que temem a Deus.

RECONHECIMENTO

Devo a minha profunda gratidão a Deus Todo-Poderoso pela sua orientação, proteção e graça que me concedeu durante todo o período deste trabalho de investigação.

Expresso a minha sincera gratidão aos meus pais, Sr. e Sra. Matthias O. Ifedigbo, pelo seu apoio financeiro e moral para que este trabalho se tornasse realidade.

Estou sobretudo em dívida para com o meu supervisor do projeto, Dr. I.U. Agbo, pela sua incansável orientação e disponibilização que me permitiram realizar este trabalho.

RESUMO

A produção do éster metílico de melão, conhecido como biodiesel de melão, foi efectuada utilizando óleo de semente de melão em bruto como matéria-prima através do processo de transesterificação. A transesterificação é a reação de triglicéridos em óleos vegetais com metanol na presença de um catalisador, geralmente NaOH ou KOH. Nesta reação, o glicerol é obtido como subproduto. As variáveis mais importantes que influenciam o tempo de reação de transesterificação e a conversão foram tidas em consideração, incluindo a temperatura da reação, a intensidade da mistura, a relação entre o álcool e o óleo, o tipo de catalisador e a concentração e pureza dos reagentes. Foram determinadas as constantes físicas e químicas do óleo de semente de melão bruto e do seu derivado de biodiesel.

Palavras-chave: biodiesel, matéria-prima, transesterificação, óleo de semente de melão, catalisador, metanol.

Capítulo 1

INTRODUÇÃO

O biodiesel foi definido como os ésteres monoalquílicos de ácidos gordos de cadeia longa derivados de matérias-primas renováveis, como óleos vegetais ou gorduras animais (ASTM D6751), para utilização em motores de ignição por compressão (diesel). O biodiesel é normalmente composto por ésteres metílicos de ácidos gordos que são preparados a partir dos triglicéridos dos óleos vegetais por transesterificação com metanol. O biodiesel resultante é bastante semelhante ao combustível para motores diesel convencional nas suas caraterísticas principais.

A produção de biodiesel consiste na reação de triglicéridos com metanol na presença de um catalisador, geralmente NaOH ou KOH. Nesta reação, o glicerol é obtido como subproduto. O glicerol é também um material de partida útil para outros produtos químicos e, quando purificado, é um suplemento valioso para produtos farmacêuticos.

As sementes de melão *(Cucumis melo)* pertencem à família das Cucurbitaceae, que possui uma enorme **diversidade genética**, que se estende às caraterísticas vegetativas e reprodutivas (Ng, 1993).

Desenvolvem-se em regiões tropicais, subtropicais, desertos áridos e locais temperados. O melão Egusi é uma planta anual, herbácea, monóica, com um hábito rasteiro não trepador. Após a plantação, cobrem completamente a superfície do solo no prazo de 3 semanas e inicia-se a floração. A polinização é feita por insectos. Muitas vezes os frutos estão prontos para a colheita 90-120 dias (3-4 meses) após a sementeira (Ng, 1993). Os frutos são bagas lisas indeiscentes, muito grandes e com sementes que, quando estão sãs, podem ser retiradas, lavadas e secas.

A Tabela 1 mostra o perfil de **ácidos gordos** do óleo de melão egusi. O quadro 1 mostra que o ácido palmítico (13,5%), esteárico (13,7%), oleico (14,5%) e linoleico (56,9%) são os principais **ácidos gordos** presentes no melão egusi. O nível de ácido linoleico no óleo de semente de egusi obtido neste estudo é semelhante ao das sementes de egusi do Níger (30,074,0%) (Lazos, 1986). Estes resultados mostram que o óleo de melão egusi é melhor do que as gorduras animais no seu conteúdo de ácido linoleico, enquanto as gorduras animais contêm maioritariamente ácido oleico (29,0-48,0%) (NRC, 1989).

Tabela 1: Composição em ácidos gordos (% de ácidos **gordos** metílicos) do óleo de sementes de egusi

Ácido gordo	СйгП|Юiiнай (%)

Láurico	0.2
Mirístico	0.7
Palmítico	13.5
Esteárico	1.3.7
Oleico	**14.6**
Linoleico	56.9
Linolénico	0.5
Ácidos gordos saturados	28.1
Ácidos gordos monoinsaturados	14,5
Ácidos gordos polinsaturados	57,4
Ácidos gordos totais não saturados	71,9

Os resultados actuais são também semelhantes aos de estudos anteriores sobre o óleo de sementes de *Cucurbita pepo*, que se verificou conter sobretudo ácidos palmítico, esteárico, oleico e linoleico, sendo o ácido linoleico o mais abundante (Murkovic *et al.*, 1996; Younis *et al.*, 2000). Os valores actuais são também semelhantes aos dos óleos de milho, algodão, girassol, soja e sésamo. São diferentes dos dos óleos de amendoim e de oleína de palma (que têm o ácido oleico como o mais abundante) e dos óleos de palma e de coco (que contêm maioritariamente ácidos **gordos** saturados, **ácidos** palmítico e **láurico**, respetivamente) (Aremu *et* *al.,* 2006).

A partir dos nossos resultados, observou-se que o óleo de egusi é pobre em ácido linolénico (0,5). O ácido linolénico, embora seja um **ácido gordo** ómega 3 com efeitos positivos para a saúde, é facilmente suscetível à peroxidação, pelo que é indesejável em óleos comestíveis devido aos sabores desagradáveis e aos produtos de oxidação potencialmente nocivos formados. Tal como referido por Warner e Gupta (2003), uma diminuição de 2 para 0,8% do teor de ácido linolénico nos óleos melhorou a qualidade do sabor e a estabilidade oxidativa dos alimentos fritos. Isto mostra, portanto, que quanto mais baixo for o teor de ácido linolénico do óleo, mais adequado é o óleo para fritar. O óleo de Egusi continha 57,4% de **ácidos gordos** poli-insaturados, maioritariamente compostos por ácido linoleico, que é um **ácido gordo** essencial. Isto indica que o óleo de semente de egusi é uma boa fonte de óleo comestível, como óleo para cozinhar e fritar, o que o torna bom para a luta contra as doenças **cardiovasculares**. (Oluba, *et al.,* 2008).

Estudos de investigação mostraram que estas sementes continham cerca de 50% de óleo (Olaofe *et al.,* 1994), 42-57% de óleo (Fokou *et al.,* 2004), 44-53% de óleo (Achu *et al.,* 2005) para sementes cultivadas em diferentes regiões bioclimáticas dos Camarões. Estes estudos mostraram que as sementes de melão egusi continham boas quantidades de óleo que podem ser exploradas. O objetivo do presente estudo é, portanto, produzir biodiesel a partir de óleo de sementes de melão e comparar as suas propriedades físico-químicas com o biodiesel padrão.

A QUÍMICA DO PROCESSO DE TRANSESTERIFICAÇÃO

A reação global de transesterificação é apresentada abaixo na transesterificação do óleo de sementes de melão. No entanto, acredita-se que ocorram três reacções consecutivas e reversíveis. Estas reacções são apresentadas da seguinte forma

Triglicéridos + ROH $\xrightarrow{\text{catalisador}}$ diglicérido + R1COOR

Diglicérido + ROH $\xrightarrow{\text{catalisador}}$ monoglicérido + R2COOR

Monoglicérido + ROH $\xrightarrow{\text{catalisador}}$ glicerol + R3COOR

O primeiro passo é a conversão de triglicéridos em diglicéridos, seguida da conversão de diglicéridos em monoglicéridos e de monoglicéridos em glicerol, produzindo uma molécula de éster metílico de cada glicérido em cada passo. (Freedman, *eZ al.*, 1986).

AS VARIÁVEIS DO PROCESSO QUE INFLUENCIAM O TEMPO DE REACÇÃO E A CONVERSÃO DA TRANSESTERIFICAÇÃO

As variáveis mais importantes que influenciam o tempo de reação de transesterificação e a conversão são: (Freedman,^ *al.*, 1984)

1. Temperatura de reação

2. Relação álcool/óleo

3. Tipo e concentração do catalisador

4. Intensidade da mistura

5. Pureza dos reagentes.

1. Temperatura de reação: A velocidade da reação é fortemente influenciada pela temperatura da reação. No entanto, se for dado tempo suficiente, a reação quase se completa mesmo à temperatura ambiente. Geralmente, a reação é conduzida perto do ponto de ebulição do metanol ($60°$ C - $70°$ C) à pressão atmosférica. Estas condições de reação suaves requerem a remoção de ácidos gordos livres do óleo por refinação ou pré-esterificação. Por conseguinte, a matéria-prima degomada e desacidificada é utilizada nestas condições. O pré-tratamento não é necessário se a reação for realizada a alta pressão (9000KPa) e a alta temperatura ($240°$ C). O rendimento máximo de ésteres ocorre a temperaturas entre $60°$ C - $80°$ C a uma razão molar (álcool/óleo) de 6:1. Um aumento adicional da temperatura tem um efeito negativo na conversão.

2. Relação entre o álcool e o óleo: A razão molar entre o álcool e o óleo vegetal afecta o rendimento do éster. A estequiometria da reação de transesterificação requer 3 moles de álcool por mole de triglicérido para produzir 3 moles de éster metílico e 1 mole de glicerol. Para deslocar a reação para a direita, é necessário utilizar um grande excesso de álcool ou remover um dos produtos da mistura reacional. Quando se utiliza metanol em excesso de 100%, a velocidade de reação é máxima. Uma razão molar de 6:1 de metanol para óleo é normalmente utilizada em processos industriais para obter um rendimento de éster metílico superior a 98% em peso. No entanto, uma razão molar mais elevada de álcool para óleo vegetal interfere na separação do glicerol.

3. Tipo e concentração do catalisador: Os alcóxidos de metais alcalinos são o catalisador de transesterificação mais eficaz em comparação com o catalisador ácido. A transmetilação ocorre cerca de 4000 vezes mais rapidamente na presença de um catalisador alcalino do que a catalisada pela mesma quantidade de catalisador ácido. Do mesmo modo, os catalisadores alcalinos são menos corrosivos para o equipamento industrial do que os catalisadores ácidos.

A concentração de catalisador alcalino na gama de 0,5% a 1% em peso produz uma conversão de 94 a 99% de óleo vegetal em ésteres. Um maior aumento da concentração do catalisador não aumenta o rendimento da conversão e aumenta o custo de produção porque é necessário removê-lo do meio de reação no final.

4. Intensidade da mistura: Na reação de transesterificação, os reagentes formam inicialmente um sistema líquido de duas fases. A reação é controlada por difusão e a fraca difusão entre as fases resulta numa taxa de reação lenta. À medida que os ésteres metílicos se formam, actuam como um solvente mútuo para os reagentes e forma-se um sistema de fase única. O efeito de mistura é mais significativo durante a região de velocidade lenta da reação. À medida que a fase única é estabelecida, a mistura torna-se insignificante.

5. Pureza dos reagentes: As impurezas presentes no óleo também afectam os níveis de conversão. Nas mesmas condições, é possível obter uma conversão de 67 a 84% em ésteres utilizando óleos vegetais brutos, em comparação com 94 a 97% quando se utilizam óleos refinados. O baixo rendimento de conversão deve-se ao elevado teor de ácidos gordos livres nos óleos vegetais brutos, que interferem com o catalisador ao sofrerem uma reação de saponificação. No entanto, sob condições de alta temperatura e pressão, este problema pode ser ultrapassado. (Schwab, 1984)

Capítulo 2

MATERIAIS E MÉTODOS

Equipamentos / materiais utilizados;

Estes incluem;

Sementes de melão, termómetro, béqueres, balões de fundo plano e redondo, coluna de vidro, garrafa de gravidade específica, condensador de refluxo, banho de água, banho de areia, vareta de vidro, folha de alumínio, balança, suporte para retorta, pinças de borracha, bomba de vácuo, evaporador rotativo, erlenmeyer, pipeta, bureta, refratómetro de Abbes, balão de receção, bico de Bunsen, triturador elétrico, bacia inoxidável, areia fina, funil de Buchner, medidor de pH, viscosímetro, papel de filtro, reator fechado, cronómetro, agitador elétrico, fita adesiva, funil de separação, proveta, armário escuro.

Reagentes;

Estes incluem;

N-hexano, hidróxido de potássio, hidróxido de sódio, metanol, tricloreto de iodo, tiossulfato de sódio, solução de amido, indicador de fenolftaleína, trioxocarbonato de sódio V, cloreto de hidrogénio, tolueno, 2-propanol, ácido acético glacial, iodeto de potássio, solução de dicromato de potássio, tetracloreto de carbono, solução de Wij, solução de iodo de Hanus.

Preparação do material

As sementes de melão foram compradas no mercado Obollo Afor, em Nsukka, no Estado de Enugu, a 20th de fevereiro de 2006. A matéria-prima foi preparada descascando e removendo as sementes manualmente (mãos). As sementes de melão descascadas e cruas foram secas ao sol. As sementes de melão secas ao sol foram colocadas num recipiente de polietileno hermético, cuidadosamente etiquetadas e conservadas no frigorífico até serem analisadas.

MÉTODOS

Procedimentos analíticos; Extração do óleo de sementes de melão

As sementes de melão foram trituradas com um moinho elétrico e armazenadas num recipiente de plástico hermético até à extração. A amostra em pó foi vertida no extrator de coluna, no qual foi previamente introduzida uma lã de vidro. A lã de vidro actua como peneira e também evita o bloqueio da torneira da coluna. Depois de verter as sementes de melão moídas no extrator de coluna, verteu-se o solvente n-hexano puro até cobrir a superfície da amostra. A coluna foi coberta com uma folha de alumínio e atada com um elástico. O conjunto foi deixado durante a noite. Posteriormente, a torneira da coluna foi aberta para libertar o óleo extraído para um coletor.

A solução de óleo foi filtrada com um funil de Buchner e submetida a destilação num evaporador rotativo, a fim de separar o solvente do óleo. O óleo foi seco com sulfato de sódio anidro para remover qualquer vestígio de água. O óleo foi pesado e mantido num recipiente hermético até à análise.

Capítulo 3

ANÁLISE FÍSICO-QUÍMICA DO ÓLEO DE SEMENTES DE
MELÃO EM BRUTO

Os parâmetros físico-químicos do azeite foram determinados do
seguinte modo

DETERMINAÇÃO DO NÚMERO DE ÁCIDO

A: Preparação de soluções e solventes

I, Solução alcoólica de hidróxido de potássio (0,1M)

A solução foi preparada dissolvendo 5,61 g de KOH em 1 litro de
metanol. A solução resultante foi padronizada utilizando um padrão
de HCl 0,1 M para um ponto final de fenolftaleína.

II, Preparação de HCl 0,1M

2,5 ml de ácido clorídrico concentrado (HCl) foram diluídos em 250
ml de água destilada e padronizados com $Na_2 CO3$ 0,5M (13,25 g
de $Na_2 CO_3$ em 250 ml de água destilada).

III, Preparação da solução neutra

Num erlenmeyer de 500 ml, misturaram-se 200 ml de tolueno e 200
ml de 2-propanol e adicionaram-se 3 gotas do indicador
fenolftaleína. A mistura foi titulada com uma solução de KOH

0,1M até se obter uma cor rosa que persiste durante cerca de um minuto.

B: Determinação do número de ácido

Procedimento:

Num erlenmeyer, dissolveram-se 5 g de óleo em 50 ml de solvente neutro e adicionaram-se 2 gotas do indicador fenolftaleína. A solução foi então titulada com KOH alcoólico 0,1M até se obter uma cor rosa que persistiu durante um minuto.

Cálculo do número de ácido;

Número de ácido $= \dfrac{MV \times 56,1}{W}$

M = Molaridade do KOH alcoólico

V = Volume de KOH alcoólico utilizado

W = Peso do óleo

56,1 = Massa molecular do KOH.

	1st	2.o	3^{a}
Final (cm)^3	4.11	8.22	12.32
Inicial (cm)^3	0.00	4.11	8.22
Diferença (cm)^3	4.11	4.11	4.10

Valor médio do título (cm^3) = 4,11 + 4,11 + 4,10

$$= 4{,}11 \ (cm \ )^3$$

$$\text{Valor de acidez} = \frac{0{,}1M \times 4{,}11 \times 56{,}1}{5}$$

$$= 4{,}61 \ mg/g.$$

DETERMINAÇÃO DO ÍNDICE DE IODO

O índice de iodo é definido como o número de miligramas de iodo absorvidos por grama de amostra de azeite.

A: Preparação das soluções

I; Solução de iodeto de potássio :

Este foi preparado dissolvendo 150 g de iodeto de potássio (KI) em água e diluindo-o para 1 litro de água destilada.

II; solução de tiossulfito de sódio 0,1M :

Dissolver 24,8 g de tiossulfito de sódio ($Na \ S_{22} \ O3$. $_{5H2O}$) em água e diluir a 1 litro com água destilada.

III; solução indicadora de amido:

2g de amido em pó foram transformados numa pasta com um pouco de água. Adicionaram-se 200 ml de água a ferver e a mistura foi rapidamente agitada e arrefecida.

Iv; solução de Wij (solução 0,2M de ICl3) :

8,67 g de iodo foram dissolvidos em 100 ml de metanol. Foram pesados 7,96 g de tricloreto de iodo (ICl_3) e dissolvidos numa quantidade medida de ácido acético glacial. As duas soluções foram aquecidas separadamente num banho de água para assegurar a dissolução completa. Em seguida, misturam-se num balão volumétrico de 1 litro e diluem-se com ácido acético glacial até à marca do anel.

B; PADRONIZAÇÃO DA SOLUÇÃO DE TIOSSULFITO DE SÓDIO:

Procedimento;

Dissolver 4,904 g de dicromato de potássio ($K_2Cr_2O_7$) em água destilada e completar o volume até à marca do anel num balão volumétrico de 1000 ml. Pipetou-se 25 ml desta solução para um erlenmeyer e diluiu-se com 50 ml de água destilada. Adicionou-se uma solução de KI a 10%, seguida de 10 ml de ácido clorídrico concentrado (HCl) e agitou-se a solução para obter uma mistura uniforme e libertar iodo. Titulou-se o iodo libertado com uma solução de Na S_{22} O3, agitando constantemente até a cor amarela quase desaparecer. Adicionaram-se 2 ml de solução de amido e a titulação prosseguiu até ao desaparecimento da cor azul escura, que se manteve durante um minuto.

Determinação do valor de iodo:

Procedimento;

Dissolver 0,1 g da amostra de óleo em 20 ml de tetracloreto de carbono (CCl_4) num erlenmeyer de 250 ml limpo. Foram também adicionados 20 ml de CCl_4 noutro erlenmeyer para a titulação do branco. De seguida, adicionar 25 ml de solução de Wij aos dois frascos. Os dois frascos foram untados com solução de KI para evitar a fuga de vapor de iodo e tapados com uma rolha. Os frascos foram então mantidos num armário escuro durante 30 minutos à temperatura ambiente. Em seguida, adicionou-se 20 ml de solução de KI e 100 ml de água destilada aos dois frascos.

O conteúdo de cada frasco foi titulado com a solução padronizada 0,1M de Na S O_{223} até obter uma coloração amarela ténue. De seguida, adicionaram-se 3 gotas de solução de amido e titulou-se até ao desaparecimento da cor azul escura.

As leituras da bureta foram as seguintes

Leituras da bureta (cm^3)	Vol. inicial da amostra (cm^3)	Volume final (cm^3)	Vol. inicial em branco (cm^3)	Volume final (cm^3)
Final	17.25	34.50	32.40	27.40
Inicial	0.00	17.25	5.00	0.00
Diferença	17.25	17.25	27.40	27.40

Valor médio do título para a titulação em branco (cm^3) = 27,40 + 27,40

$$2$$

$$= 27,40 \ cm^3$$

Valor médio do título para a titulação da amostra (cm^3) = 17,25 + 17,25

$$2$$

$$= 17,25 \ cm^3$$

CÁLCULO DO ÍNDICE DE IODO

Índice de iodo (I.V.) $\quad = \dfrac{12,69 \ (V_2 - V_1) \times 0,1M}{W}$

V_2 = volume da solução de Na S O_{223} para a titulação em branco

V_1 = volume da solução de Na S O_{223} para a titulação da amostra

W = peso da amostra de óleo

I.V. $= 12 \ ,69 \ (27,40 - 17,25) \times 0,1$

$$0.1$$

$= 128 \ ,8mg/g$

DETERMINAÇÃO DO ÍNDICE DE SAPONIFICAÇÃO

A; Preparação de hidróxido de potássio etanólico (KOH) :

O KOH etanólico 0,5M foi preparado dissolvendo 7,00g de KOH em 250ml de etanol. Também se preparou HCl 0,5M diluindo

10,7ml de ácido clorídrico concentrado em 250ml de água destilada.

Procedimento:

Pesar 4 g de óleo para um erlenmeyer de 200 ml. Adicionaram-se 50 ml de KOH etanólico ao balão. A mistura foi mantida em refluxo durante uma hora, com agitação ocasional, até o óleo se dissolver completamente. O sabão quente foi titulado até ao ponto final de fenolftaleína com HCl 0,5M. Efectuou-se uma titulação em branco utilizando a mesma quantidade de solução de KOH, ao mesmo tempo e nas mesmas condições.

Cálculo do índice de saponificação:

O valor de saponificação foi calculado utilizando a seguinte expressão:

$$\text{Índice de saponificação (S.V.)} = \frac{56,1\,(V_2 - V_1)}{W}$$

V_2 = volume de HCl utilizado para a titulação em branco $(cm)^3$

V_1 = volume de HCl utilizado para a titulação da amostra $(cm)^3$

W = peso da amostra de óleo 56,1 = peso molecular do KOH.

As leituras da bureta são as seguintes

Leitura da bureta $(cm)^3$	1st	2nd	3-d	Média

| V1 | 35.60 | 35.60 | 35.50 | 35.60 |
| V2 | 49.00 | 49.10 | 49.20 | 49.10 |

S.V. =56 .1 (49.10 - 35.60)

189,30mgKOH/g

DETERMINAÇÃO DO ÍNDICE DE REFRACÇÃO

Foi utilizado o refratómetro de Abbes para a medição do índice de refração do óleo de sementes de melão. Foi utilizado um compensador de luz para repor o instrumento. O óleo de sementes de melão foi espalhado na parte inferior e, após alguns ajustes, o índice de refração foi lido diretamente, obtendo-se o valor de 1,480 a 30° C.

DETERMINAÇÃO DA GRAVIDADE ESPECÍFICA Foram pesados 5 ml do frasco de gravidade específica, cheio de água, e o peso foi registado. O frasco foi esvaziado, limpo, seco e enchido de novo com 5 ml de óleo de sementes de melão. Este foi pesado e registado.

Tomou-se o peso do frasco de gravidade específica.

Cálculo:

Peso da garrafa = 14,38g

Peso da garrafa + 5ml de água = 67,80g

Peso da água = (67,80 - 14,38)g = 53,22g

Peso do frasco + 5ml de óleo de sementes de melão = 62,88g

Peso do óleo = (62,88 - 14,38)g = 48,50g

Gravidade específica (G.S.) do óleo de sementes de melão;

$$S.G. = \frac{peso \text{ do óleo}}{Peso \text{ de um volume equivalente de água}}$$

$$= \frac{48.50g}{53.22g}$$

S.G. = 0,911

DETERMINAÇÃO DA VISCOSIDADE

Este procedimento foi efectuado com um viscosímetro de torção universal. O óleo foi colocado num pequeno recipiente sobre a mesa de amostras, de modo a que o cilindro ficasse centralmente submerso até uma profundidade de cerca de 4 no recipiente. O viscosímetro foi calibrado de 0° - 360°. O volante foi rodado a partir do repouso, rodando de forma a que o ponteiro repousasse em 286°. Este procedimento foi repetido duas vezes para obter 286° e 287°, respetivamente. De seguida, foi calculada a média:

$$= \frac{286° + 286° + 287°}{3}$$

$$= 286.3°$$

A viscosidade do óleo foi lida a partir do gráfico de viscosidade padrão em centipoises para dar 7,0 x 10 = 70 centipoises. O diâmetro de torção do cilindro utilizado foi de 1 $/^5_8$ polegadas, enquanto a torção do fio (cabeça do núcleo) utilizada foi de 30.

Viscosidade em poise = leitura do instrumento x fator de multiplicação

viscosidade em poise = 70 x 0,013

$$= 0.91$$

Viscosidade em centistokes = viscosidade em poise x 100

$$\text{Densidade do} \qquad \text{óleo1}$$

$$0.91 \times 100$$

$$0,9111 \quad = 99,89 \text{ Cst.}$$

DETERMINAÇÃO DO pH

O pH do óleo de sementes de melão foi de 5,80, utilizando um medidor de pH digital.

CÁLCULO DO PESO MOLECULAR DO ÓLEO DE SEMENTES DE MELÃO

Este valor foi calculado a partir da estrutura química geral de uma molécula de um triglicérido (óleo de sementes de melão);

A estrutura geral de uma molécula de um triglicérido (óleo vegetal) (pesquisa no Google)

$$
\begin{aligned}
&\quad\quad\;\; \overset{\displaystyle O}{\overset{\|}{}} \\
&\text{CH- O-C-fCHJ - CH - CH}_2\text{ -(CHJ}_4\text{ - CH,} \\
&\quad\quad\; O \\
&\text{CH-o-c- (CH)}_{27}\text{ -CH-=CH-(CHJ}_T\text{ -CH}_3 \\[4pt]
&\text{CH - O- C- (CHJ- CH - CH-(CHJ - CH, c}
\end{aligned}
$$

A fórmula molecular é $C_{47}H_{88}O_6$

Massa molecular $= (12 \times 47) + (1 \times 88) + (16 \times 6)$

$$= 564 + 88 + 96$$

$$= 748 g/mol$$

CÁLCULO DO VOLUME NECESSÁRIO DE ÓLEO DE SEMENTES DE MELÃO

Densidade = Massa   ; Volume = Massa

VolumeDensidade

Mas a densidade do óleo de sementes de melão $= 0,911 g/cm^3$

Assim, o volume $= 748 g/mol$

$$0,911 g/cm^3$$

$$= 821,08 \; cm^3 / mol$$

CÁLCULO DO VOLUME NECESSÁRIO DE METANOL E DA QUANTIDADE DE HIDRÓXIDO DE SÓDIO

A equação química para uma reação de transesterificação é dada a seguir:

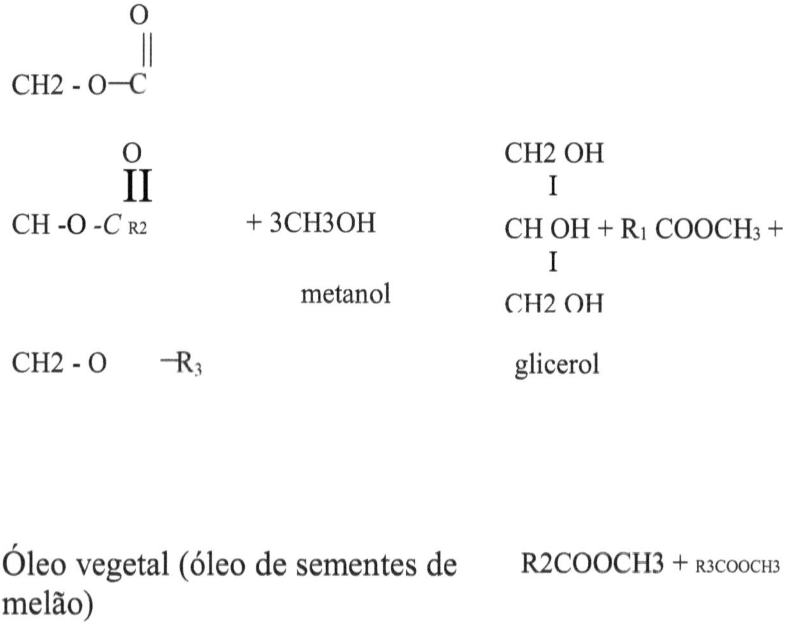

$$CH_2 - O - \overset{\overset{\textstyle O}{\|}}{C}$$

$$CH - O - \overset{\overset{\textstyle O}{\|}}{C} R_2 \quad + 3CH_3OH \qquad CH_2\,OH$$
$$\qquad\qquad\qquad\qquad \text{metanol} \qquad CH\,OH + R_1\,COOCH_3 +$$
$$\qquad\qquad\qquad\qquad\qquad\qquad CH_2\,OH$$

$$CH_2 - O \quad -R_3 \qquad\qquad \text{glicerol}$$

Óleo vegetal (óleo de sementes de melão) $\qquad R2COOCH3 + R3COOCH3$

Para completar uma reação de transesterificação estequiometricamente, é necessária uma razão molar de 3:1 de álcool para triglicérido. Na prática, o rácio tem de ser mais elevado (6:1) para conduzir o equilíbrio a um rendimento máximo de éster. (Igwe,1988).

Por conseguinte, o peso molecular de 6 moles de metanol necessário é o seguinte

$$6CH_3\,OH = 6[\,(1X12) + (1X3) + (1X6) + (1X1)\,]$$

$= 6 \times 32$

$= 192\text{g/mol}$

A densidade do metanol é de $0,79\text{g/cm}^3$

$$\text{Volume} = \text{Massa} = 192\text{g/mol} \qquad = 243\text{cm}^3\text{/mol}$$
$$\text{Densidade} 0 \quad ,79\text{g/cm}^3$$

A quantidade de NaOH necessária;

Com base nos métodos padrão descritos por Lang[3] , 1000cm^3 do óleo requerem 200cm^3 de metanol e $3,5\text{g}$ de NaOH.

Por conseguinte, 1000cm^3 de óleo requerem $3,5\text{g}$ de NaOH

$821,08\text{cm}^3$ de amostra de óleo serão necessários $821 \quad ,08 \text{ cm3 x}$

$$\frac{3,5\text{g}}{1000 \text{ cX}}$$

$$= 2,874 \text{ g de NaOH}$$

Além disso, se $821,08 \text{ cm}^3$ de óleo de sementes de melão requerem $2,874\text{g}$

$$\frac{100 \text{ cm}^3 \text{ de amostra de óleo necessitará de} 100 \quad \text{cm}^3 \text{ x } 2,874\text{g}}{821,08 \text{ cm}^3}$$

$$= 0,350 \text{ g de NaOH}$$

Cálculo do volume necessário da relação metanol/óleo;

A partir do cálculo obtido acima;

821,08 cm^3 de óleo de semente de melão requer 243 cm^3 de metanol

100 cm^3 de óleo de semente de melão necessitará de100   cm^3 x 243 cm^3

$$\frac{}{821,08 \text{ cm}^3}$$

$$= 29,60 \text{ cm}^3 \quad 30 \text{ cm}^3$$

Assim, foram utilizados 30 cm^3 de metanol para transesterificar 100 cm^3 de óleo.

Capítulo 4

PRODUÇÃO DE ÉSTER METÍLICO DE MELÃO (BIODIESEL DE MELÃO)

PROCEDIMENTO EXPERIMENTAL

A reação foi realizada num reator de recipiente fechado, equipado com um agitador e um termómetro. Para deslocar a reação para a direita e obter um rendimento máximo em éster, a razão molar foi aumentada para 6:1 de álcool para óleo. Assim, colocaram-se 100 ml de óleo de sementes de melão no reator, que foi pré-aquecido num banho de areia mantido a uma temperatura de 60° C- 70° C. Misturaram-se 30 ml de metanol e 0,35 g de NaOH (um catalisador) para obter uma solução de metóxido de sódio. A solução de metóxido foi adicionada ao reator e o agitador foi ligado.

A reação foi programada logo que os reagentes foram misturados. O reator foi ligeiramente hermético para evitar a evaporação do metanol. A agitação foi efectuada a uma temperatura de 60° C durante 30 minutos e interrompida.

Separação do éster metílico do glicerol

Após a reação, a mistura foi vertida na ampola de decantação e deixada em repouso durante 1 hora. As duas camadas de éster metílico (camada superior) e glicerol (camada inferior) foram separadas. O éster metílico foi lavado com 10 ml de água quente/quente durante 3 vezes para remover o metanol que não reagiu, o álcali, o glicerol pequeno e o sabão. Para o efeito, verteu-se a água na ampola de decantação que continha o éster metílico, agitou-se vigorosamente e deixou-se repousar até se obter uma separação nítida do éster na camada superior e da água na camada inferior. As camadas foram então separadas. O éster metílico foi seco sobre sulfato de sódio anidro num copo de 250 ml e decantado para remover o sal anidro. As propriedades combustíveis do óleo de sementes de melão e do seu produto éster metílico foram determinadas de acordo com os métodos do Institute of Petroleum, Londres. (IPL, 1993).

PARÂMETROS FÍSICO-QUÍMICOS DO BIODIESEL

Os parâmetros físico-químicos do biodiesel foram determinados em relação ao índice de refração, gravidade específica, viscosidade, ponto de inflamação, índice de iodo, índice de acidez, índice de saponificação, índice de pH, teor de cinzas e teor de humidade.

I ; Índice de refração;

O índice de refração foi determinado utilizando o refratómetro de Abbes e o resultado foi de 1,4475.

II; Gravidade específica;

Foram pesados 5 ml do frasco de gravidade específica cheio de água e o peso foi registado. O frasco foi esvaziado, limpo, seco e enchido de novo com 5 ml de biodiesel. Este foi pesado e registado.

Tomou-se o peso do frasco de gravidade específica.

Cálculo:

Peso da garrafa = 14,38g

Peso da garrafa + 5ml de água = 67,80g

Peso da água = (67,80 - 14,38) g = 53,22g

Peso da garrafa + 5ml de biodiesel = 60,97g

Peso do óleo = (60,97 - 14,38) g = 46,59g

Gravidade específica (S.G.) do biodiesel;

$$S.G. = \frac{\text{peso de biodiesel}}{\text{Peso de um volume equivalente de água}}$$

$$= \frac{46.59g}{53.22g}$$

$$S.G. = 0,875g/cm^3$$

A gravidade específica foi determinada e encontrada como sendo $0,875g/cm^3$

III; Viscosidade;

A determinação da viscosidade foi efectuada utilizando um viscosímetro combinado de cilindros VM/A. A viscosidade em poises, a uma dada velocidade de combinação de cilindros, foi obtida multiplicando a leitura do instrumento pelo fator de multiplicação adequado indicado na tabela de calibração e a viscosidade em centistokes foi obtida do seguinte modo

Viscosidade em poise = leitura do instrumento x fator de multiplicação

Viscosidade em centistokes = viscosidade em poise x 100

$$\text{Densidade do biodiesel } 1$$

Mas, viscosidade em poise = 4,31 x 0,013

$$= 0.05603$$

Densidade do biodiesel = $0,875 g/cm^3$

Viscosidade em centistokes (Cst) = 0,05603 x 100

$$0. \qquad 8751$$

$$= 6,40\ Cst$$

PONTO DE FLASH

O ponto de inflamação do biodiesel e do óleo de semente de melão bruto foi efectuado, respetivamente, deitando o biodiesel e o óleo num copo inoxidável aberto e aquecido gradualmente até ao seu ponto de inflamação numa manta de aquecimento. Agitou-se continuamente a fim de distribuir o calor uniformemente. A intervalos regulares, uma chama aberta foi dirigida sobre a superfície do copo de modo a que, no ponto de inflamação, a chama incendiasse o conteúdo do copo. As temperaturas a que ocorreu a ignição são o ponto de inflamação do biodiesel e do óleo, respetivamente, e foram registadas como $162°$ C e $186°$ C, respetivamente.

VALOR DO pH

O pH do biodiesel foi determinado utilizando um medidor de pH digital e o valor obtido foi de 7,23.

VALOR ÁCIDO

Procedimento;

Num erlenmeyer, dissolveram-se 2 g de biodiesel em 250 ml de solvente neutro e adicionaram-se 2 gotas do indicador fenolftaleína. A solução foi titulada com KOH alcoólico 0,1M até se obter uma cor rosa que persistiu durante um minuto.

Cálculo do número de ácido;

Número de ácido = $\underline{MV \times 56,1}$

$\quad\quad\quad\quad\quad\quad W$

M = Molaridade do KOH alcoólico (0,1M)

V = Volume de KOH alcoólico utilizado

W = Peso do biodiesel

56,1 = Massa molecular do KOH.

Leituras de buretas	1st	2	3^{-d}
Final (cm)^3	0.30	0.65	1.00
Inicial (cm)^3	0.00	0.30	0.70
Diferença (cm)^3	0.30	0.35	0.30

Valor médio do título (cm^3) = $\dfrac{0,30 + 0,35 + 0,30}{3}$

$= 0,33 \ (cm \ )^3$

Índice de acidez = $\dfrac{\text{Molaridade x volume x } 56,1}{\text{Peso}}$

$= \dfrac{0,1M \times 0,33 \times 56,1}{2}$

= 0,92mg/g.

DETERMINAÇÃO DO ÍNDICE DE IODO

Preparação da solução de iodo de Hanus

Dissolver 13,62 g de iodo em 825 ml de ácido acético com calor, deixando arrefecer. Num balão separado, medir 200 ml de ácido acético. Adicionar 3 ml de bromo (Br_2) ao balão. Misturar as duas soluções.

Determinação do índice de iodo do biodiesel

Procedimento;

Dissolveu-se 0,1 g de biodiesel em 10 ml de $CHCl_3$ (clorofórmio). A solução foi vertida num frasco cónico e arrolhada para evitar a evaporação do clorofórmio. Juntou-se 25 ml de solução de iodo de Hanus. O frasco foi arrolhado e mantido no escuro durante 30 minutos, com agitação ocasional. Após 30 minutos, adicionaram-se ao balão 10 ml de iodeto de potássio (KI) a 15% (ou seja, 15 g de KI em 85 g de H_2O) e 100 ml de água destilada. Titular o conteúdo do balão com uma solução 0,1N de $Na\,S\,O_{223}$ até obter uma coloração amarela ténue. Adicionaram-se 2 ml de solução de amido e a titulação prosseguiu até ao desaparecimento da cor azul escura, que persistiu durante um minuto. Foi efectuada uma titulação em branco ao mesmo tempo, nas mesmas condições, com os mesmos reagentes mas sem a amostra. Obtiveram-se os valores médios da titulação da amostra e do branco, respetivamente, e determinou-se o índice de iodo utilizando a seguinte expressão

As leituras da bureta foram as seguintes

Leituras da bureta $(cm)^3$	Titulação da amostra $(cm)^3$		Vol. inicial em branco $(cm)^3$	
Final	27.40	37.90	18.10	35.00
Inicial	0.00	10.50	0.00	18.10
Diferença	27.40	27.40	18.10	17.90

Valor médio do título para a titulação da amostra (cm^3) = 27,40 + 27,40

$$\frac{}{2}$$

$$= 27,40 \ cm^3$$

Valor médio do título para a titulação em branco (cm^3) = 18,10 + 17,90

$$\frac{}{2}$$

$$= 18,00 \ cm^3$$

CÁLCULO DO ÍNDICE DE IODO

Índice de iodo (I.V.) $= \dfrac{12,69 \ (V_2 - V1)N}{W}$

$V1$ = volume da solução de $Na \ S \ O_{223}$ para a titulação em branco

V_2 = volume da solução de $Na \ S \ O_{223}$ para a titulação da amostra

W = peso da amostra de óleo

I.V. =12,69 (27,40 - 18,00) x 0,1N

$$\frac{}{0.1}$$

= 119,29mg/g

DETERMINAÇÃO DO ÍNDICE DE SAPONIFICAÇÃO

Procedimento:

Pesaram-se 2 g de biodiesel para um erlenmeyer. Adicionaram-se 25 ml de KOH etanólico 0,5M ao balão. A mistura foi mantida em refluxo durante uma hora, com agitação ocasional, até o óleo se dissolver completamente. O sabão quente foi titulado até ao ponto final de fenolftaleína com HCl 0,5M. Efectuou-se uma titulação em branco utilizando a mesma quantidade de solução de KOH, ao mesmo tempo e nas mesmas condições.

Cálculo do índice de saponificação:

O valor de saponificação foi calculado utilizando a seguinte expressão:

Índice de saponificação (S.V.) = $\dfrac{56,1 \; (V_2 - V_1)}{W}$

V_2 =volume   de HCl utilizado para a titulação em branco (cm$)^3$

V_1 = volume de HCl utilizado para a titulação da amostra (cm$)^3$

W = peso da amostra de biodiesel

56,1 = peso molecular do KOH.

As leituras da bureta são as seguintes

Leitura da bureta (cm)^3	1st	Γ	3^	Média
Vi	45.10	45.00	45.20	45.10
V2	48.55	48.60	48.65	48.60

S.V. =56.1 (48.60 - 45.10)

$$\frac{}{2}$$

=98 ,18mgKOH/g

DETERMINAÇÃO DO TEOR DE CINZAS

Foram pesados 2 g da amostra num cadinho previamente tarado. O cadinho com o seu conteúdo foi mantido dentro de uma mufla e a temperatura foi aumentada de 200° C para 400° C até a amostra assumir a cor de cinza (branca) a 370° C. O cadinho foi retirado do forno e colocado nos exsicadores para arrefecer e ser pesado. Este procedimento foi repetido três vezes até se obter um peso constante.

Cálculo do teor de cinzas;

Peso do cadinho = 48,50g

Peso do cadinho + amostra = 50,50g

Peso da amostra = (50,50-48,50) g = 2,00g

Peso do cadinho + cinzas = 49,20g

Peso das cinzas = (49,2 - 48,5) g = 0,70g

% de cinzas = Peso das   cinzasx100

            Peso da   amostra1

        = 0.70 x 100

            2.   001=   35%

DETERMINAÇÃO DO TEOR DE UMIDADE 2 g de biodiesel foram pesados num cadinho seco previamente tarado. Em seguida, o cadinho com o seu conteúdo foi seco na estufa e mantido a uma temperatura de 105° C. O cadinho foi retirado com um intervalo de 30 minutos, arrefecido num exsicador e pesado até se obter um peso constante.

Cálculo do teor de humidade;

Peso do cadinho = 43,60g

Peso do cadinho + 2g de biodiesel = 45,60g

Peso da amostra = (45,60 - 43,60) g = 2,00g

Peso do cadinho + amostra seca = 44,00g

Peso da amostra seca = (44,00 - 43,60) g = 0,40g

Teor de humidade em % = peso da amostra seca x 100

            Peso da   amostra1

        = 0.40 x 100

            2.   001= 20%

RESULTADOS E DISCUSSÃO

RESULTADOS;

Os resultados são apresentados no quadro seguinte;

Parâmetros	Óleo de sementes de	Éster metílico de melão
Índice de refração a 30 C°	1.4800	1.4475
Gravidade específica	0.911	0.875
Viscosidade (Cst)	99.89	6.40
Ponto de inflamação (° C)	186	162
pH	5.80	7.23
Valor de iodo (mg/g)	128.80	119.29
Índice de saponificação (KOH/)	189.30	98.18
Índice de acidez (mg/g)	4.61	0.92
% Teor de cinzas	--	35
%Teor de humidade	--	20

DISCUSSÃO

As caraterísticas químicas do óleo extraído são apresentadas no quadro acima. O índice de iodo do óleo de sementes de melão classifica-o como óleo semi-seco com elevado grau de insaturação. Assim, a julgar pelo índice de iodo do óleo, a semente parece ser uma fonte viável de óleo para a formulação de tintas e resinas. (Winton, 1945)

O índice de iodo do biodiesel está dentro da gama do óleo diesel à base de hidrocarbonetos. A gravidade específica do óleo bruto está acima da gama do gasóleo, enquanto a gravidade específica do biodiesel está dentro da gama do gasóleo. O ponto de inflamação do óleo e do seu éster metílico foi muito mais elevado do que os limites para os tipos de gasóleo, que é de 100-130° C. A viscosidade do biodiesel é muito baixa, o que implica que a sua combustão não causará arranque a frio do motor, falha de ignição e atraso na ignição. O valor de saponificação do óleo de melão egusi foi de 192,0±43,7 mg KOH g^{-1} , o que está de acordo com os valores obtidos para alguns óleos vegetais que variam entre 188-196 mg KOH g^{-1} (Pearson, 1976).

Por conseguinte, os parâmetros de combustível do éster metílico de sementes de melão têm um grande potencial industrial como substituto do gasóleo.

REFERÊNCIAS

Achu, M.B., E., Fokou C. Tchiegang, M. Fotso e F.M. Tchouanguep, (2005). Nutritive Value of some *cucurbitaceae* Oilseeds from Different Regions in Cameroun (Valor nutritivo de algumas sementes oleaginosas de *cucurbitáceas* de diferentes regiões dos Camarões). Afr. J. Biotechnol, 4: 1329-1334.

Sociedade Americana de Ensaios e Materiais, D 6751.

Aremu, M.O., A. Olonisakin, D.A. Bako e P.C. Madu, (2006).

Estudos de composição e caraterísticas físico-químicas da farinha de castanha de caju *(Anarcadium occidentale)*. Pak. J. Nutr., 5: 328-333.
CrossRef | Ligação direta |

Fokou, E., M.B. Achu e M.F. Tchouarguep, (2004). Avaliação Nutricional Preliminar de Cinco Espécies de Sementes de Egusi nos Camarões. Afr. J. Food Agric. Nutr. Dev,

Freedman, B.(1986) Transesterification Kinetics of Soybean Oil, Journal of American Oil Chemical Society.

Freedman, B.(1984) Variables Affecting the Yield of Fatty Acid Esters from Transesterified Vegetable Oils, Journal of American Oil Chemical Society.

Institute of Petroleum, Londres (1993), Standard Methods for Analysis and

Testing of Petroleum and Related products, Willey, Nova Iorque, 1:1-280

Murkovic, M., A. Hillebrand, J. Winkler, E. Leitner e W. Pfannhauser, (1996). Variabilidade do teor de ácidos gordos em sementes de abóbora *(Cucurbitapepo* L.). Zeitschrift fur Lebensmittel-Untersuchung und-Forschung, 203: 216-219. CrossRef | Ligação direta |

Conselho Nacional de Investigação NRC, (1989). Recommended Dietary Allowances. 10th Edn., National Academy Press, Washington, DC. EUA, pp: 284.

Ng, T.J., (1993). Novas oportunidades em Cucurbitaceae. In: New Crops. Janick, J. e J.E. Simon (Eds.). Wiley, Nova Iorque,: 538-546.

Olaofe, O., F.O. Adeyemi e G.O. Adediran, (1994). Aminoácidos e composições minerais e propriedades funcionais de algumas sementes oleaginosas. J. Agric. Food Chem., 42:

878-881.

O.M. Oluba, Y.R. Ogunlowo, G.C. Ojieh, K.E. Adebisi, G.O.

Eidangbe e

I.O. Isiosio, (2008). Propriedades físico-químicas e composição de ácidos gordos do óleo de sementes de *Citrullus lanatus* (melão Egusi). *Jornal de Ciências Biológicas, 8: 814-817.*

Pearson, D., (1976). The Chemical Analysis of Foods, Churchill

Livingstone, Londres, ISBN-13: 9780700014576, pp: 7-

11.

Warner, K.A. e M. Gupta, (2003). Qualidade e estabilidade de

frituras de baixo e ultra baixo teor de gordura. J. Am.

Chem. Soc., 80: 275-280.

CrossRef | Ligação direta

Winton,L.A.e B.K., (1945), The Analysis of Foods, John Wiley, New York, 482.

Younis, Y.M., S. Ghirmay e S.S. Al-Shibry, (2000). Africano

Cucurbitapepo L. Phytochemistry, 54: 71-75.

CrossRef | Ligação direta |

More
Books!

info@omniscriptum.com
www.omniscriptum.com
OMNIScriptum